上

数学思维训练游戏

贺 洁◎编著　　咣当咣当工作室◎绘

U0240895

数学ம
萌芽

北京科学技术出版社

目录

小兔子过生日

了解数字在日常生活中的应用。

今天是小兔子的生日，你知道小兔子几岁了吗？

数字1

熟悉1的形状，并了解1的概念。

下图中的水果都只有1个。大声说出"1"，再用笔沿虚线把水果和盘子连起来。

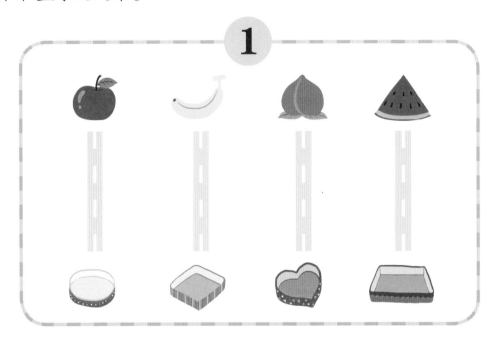

只有1个

把东西数量和1联系在一起，从而直观地理解1的概念。

小鸡脸上什么器官只有1个？找一找，然后用彩笔给方框里的数字涂上颜色。

数字2

学习数字2，并理解2的概念。

图中的大公鸡有几条腿？数一数，然后用彩笔给方框里的数字涂上颜色。

藏起来的数字3

学习数字3，并记住它的形状。

今天天气真好，东东和妈妈一起骑车去郊游。找出藏在图中的数字3，并给它涂上漂亮的颜色吧。

数一数

学习数数。

图中有哪些小动物？把同一种动物圈起来，数一数它们的数量，再把它们与相应的数字连起来。

 小猪吃面包

初步接触加法，为以后学习加法做准备。

小猪吃了1个面包后，还觉得饿，于是又吃了1个面包，这才感觉饱了。它一共吃了几个面包呢？把正确的答案圈起来。

好朋友

通过故事了解减法的概念。

东东和西西是好朋友，东东一共有2辆玩具车，送给了西西1辆，他还剩下几辆？

在下图中，给东东剩下的玩具车涂上颜色，并在方框里写上相应的数字吧。

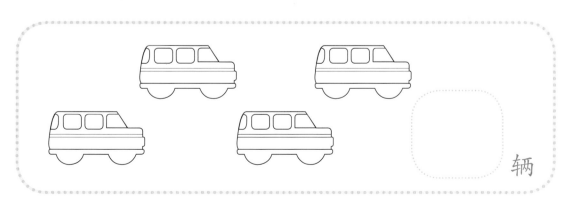

辆

哪个大

比较大小。

下面两幅图中的动物哪个大呢？把较大的动物圈起来。

比高矮

理解高和矮的概念，并学会比较高矮。

请你按照从矮到高的顺序给小朋友和树排序，并把序号写在对应的圆圈里吧。

哪个长，哪个短

理解长和短的概念，并学会比较长短。

比一比，把同一种物品中较短的那个圈起来。

哪个多，哪个少

数一数东西的数量，并比较多少。

爷爷的院子里有两棵苹果树，哪棵树上的苹果多呢？请把苹果多的那棵树圈起来。

找不同

练习比较多少、大小、高矮和长短。

两幅图中分别有哪些地方不同？请在下面的图中圈出与上面的图不一样的地方。

相同的东西

培养空间感，学会从不同的角度看东西。

请从上面的图中找到与下面的小动物手中相同的积木，并用线将它们连起来。

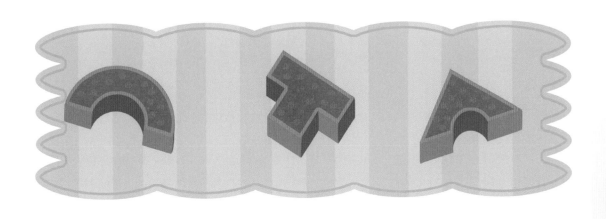

相同的图形

学会观察，排除干扰项。

请参照上方的小乌龟，在右下角的图中找出相应的图形并涂上颜色。

大树下

认识数字1~5，理解它们表示的数量。

小动物在大树下爬来爬去，请你数一数它们各有几只，把相应的数字圈起来吧。

丰收的农庄

认识数字 6 ～ 10，熟悉它们的形状。

农庄到了丰收的季节，到处是成熟的果实，数一数每种果实的数量，把相应的数字圈起来。

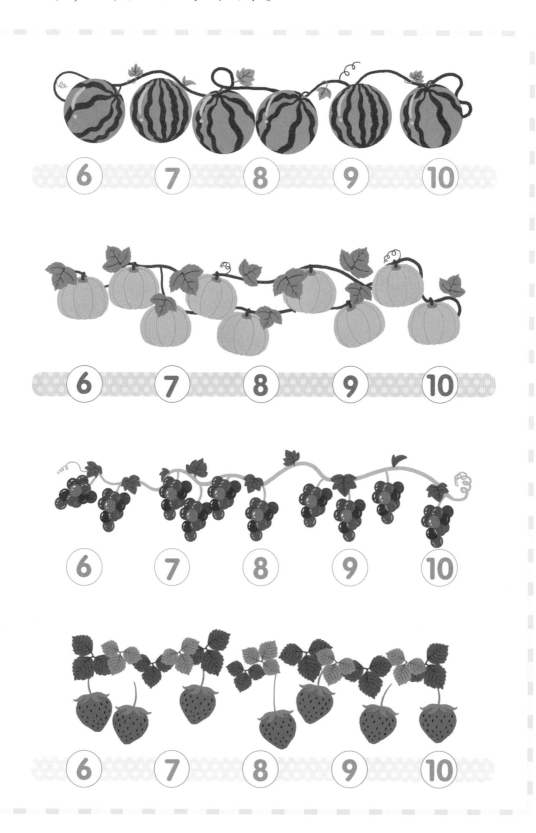

藏在哪里

学会书写5～10，并反复练习。

森林公园里好热闹呀！仔细看看，公园里藏着哪些数字宝宝，把它们找出来并涂上颜色吧。

数学思维训练游戏　第 2 关　简单运算

复习 10 以内的数字，理解数字与数量的关系。

下面每组数字中哪个表示的数量最多，把它圈起来。

16

分糖果

理解简单的加减法概念。

把4根棒棒糖分给小熊和小猪，小熊分到了2根，小猪还能分到几根？把答案写在盘子里。

把6块巧克力分给小熊和小猪，小熊分到了3块，小猪还能分到几块？把答案写在盘子里。

数数小手指

练习 10 以内的加法。

下面每幅图中，两只手一共伸出了几根手指？把计算结果分别写在图中的方框里。

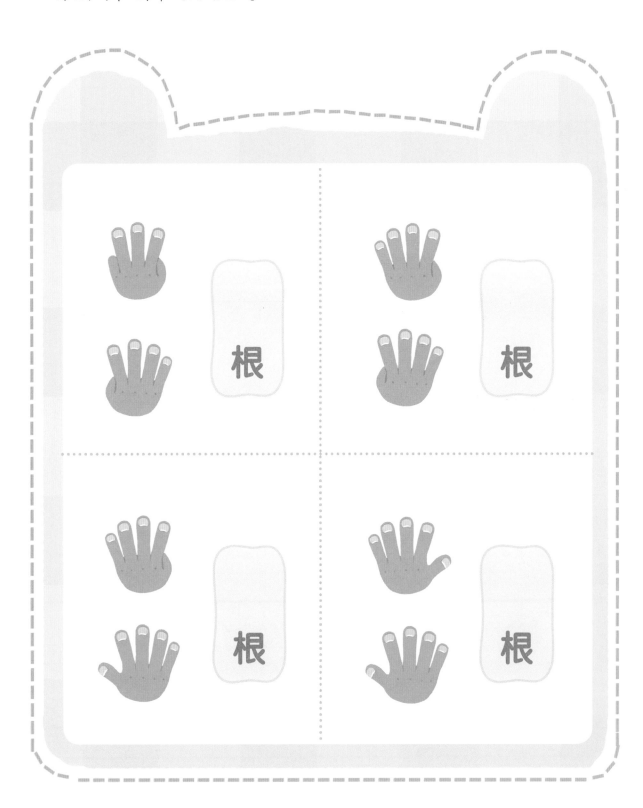

根

根

根

根

去水果店

练习 10 以内的加减法。

水果店的水果真多啊！数一数每幅图中有颜色的水果各有多少个，把数字写在相应的方框里。再给没有颜色的水果涂上颜色，使每幅图中都有5个有颜色的水果。

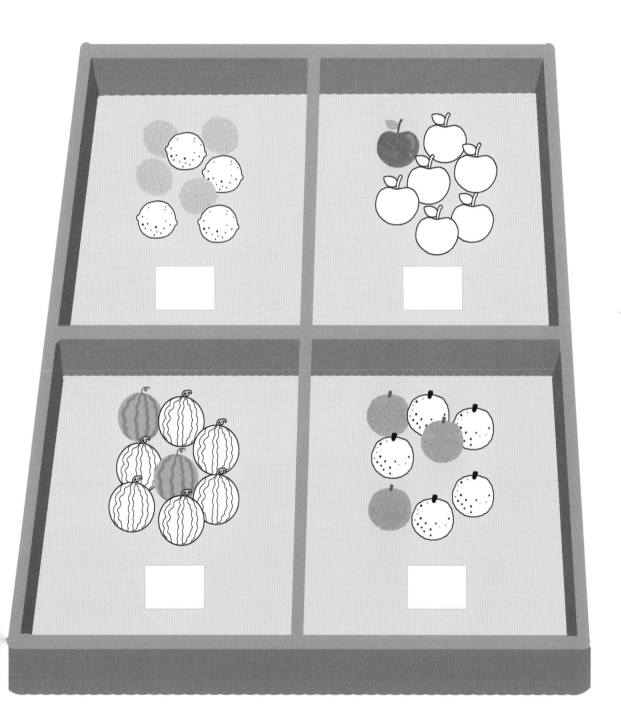

剩多少

练习 10 以内的减法。

数一数原本有多少条鱼？在下面的框中找到相应的数字并圈起来。

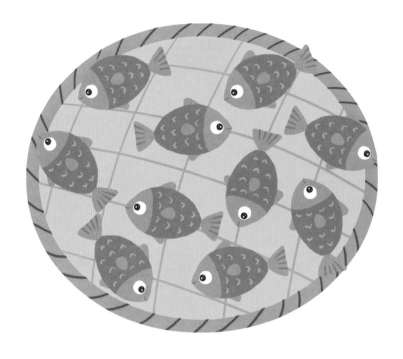

1 2 3 4 5 6 7 8 9 10

小猫一共偷吃了几条鱼呢？在上面的框中找到相应的数字并圈起来。

单双数

了解单数和双数的概念，并区分 10 以内的单双数。

　　左图中每样东西的数量都是单数，右图中每样东西的数量都是双数。请你数一数它们的数量，并把相应的数字分别写在下面的方框里。

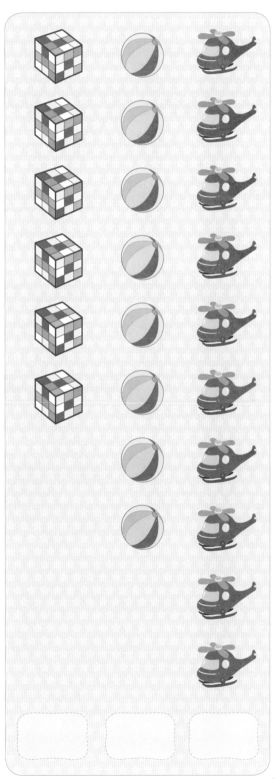

什么是 0

理解 0 的概念。

小熊盘子里的苹果数量在不断减少，最后1个也没有了。

小熊把一些苹果放在了盘子里。数数一共有几个，把相应的数字写在方框里。

小兔子来了，小熊送给小兔子3个苹果，还剩几个苹果？把相应的数字写在方框里。

小狗来了，小熊又送给小狗1个苹果，还剩几个苹果？把相应的数字写在方框里。

最后，小熊自己吃了1个苹果，现在还剩几个苹果？把相应的数字写在方框里。

填数字

练习1～20的书写。

按照1～20的顺序在下面的空格里填上相应的数字吧。

找找看

复习巩固 1～20。

数字宝宝的队伍被打乱了，试着按1～20的顺序把数字宝宝找出来吧。

16　5　18　9　20

6

7

8

13　12

15　19

3　2　14

11

17　1

10　4

几条腿

练习 20 以内的加法。

每幅图中的小动物分别有几条腿？数一数，并把相应的数字填在方框里。

认识加法符号

认识"+"，理解这个符号的意思，并练习写简单的加法算式。

小西有2个石榴，哥哥又给了她5个梨。小西现在一共有多少个水果呢？按照示例，在方框里写出数字，并在圆圈里写出相应的符号。

示例

$$2+5=7$$

认识减法符号

认识"−"，理解这个符号的意思，并练习写简单的减法算式。

小猴子有7朵花，送给小青蛙2朵，还剩几朵呢？按照示例，在方框里写出数字，在圆圈里写出相应的符号。

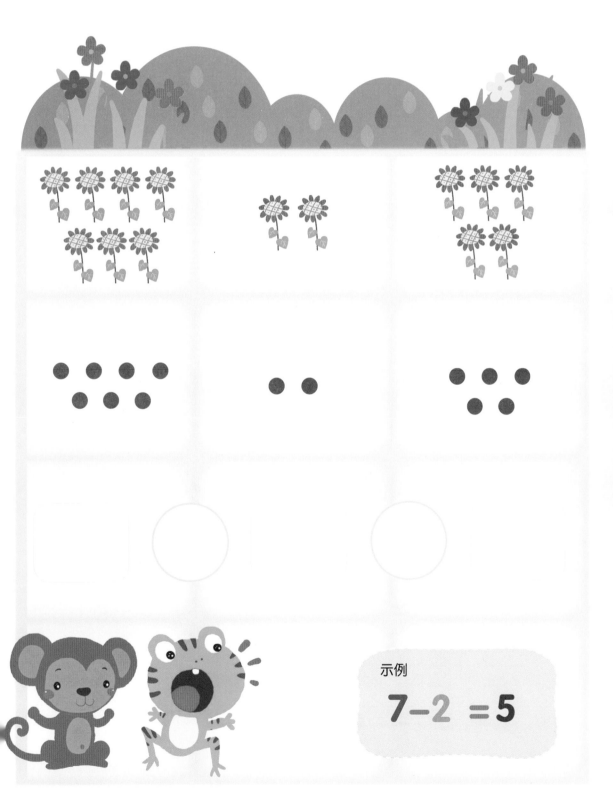

示例

$7 - 2 = 5$

熊宝宝的数学题

练习书写减法算式。

熊宝宝如果能把下面的数学题全做完，就可以吃好吃的蛋糕了。小朋友，你知道怎么做吗？请你在方框和圆圈里分别写出相应的数字和符号，帮熊宝宝把这些算式补充完整吧。

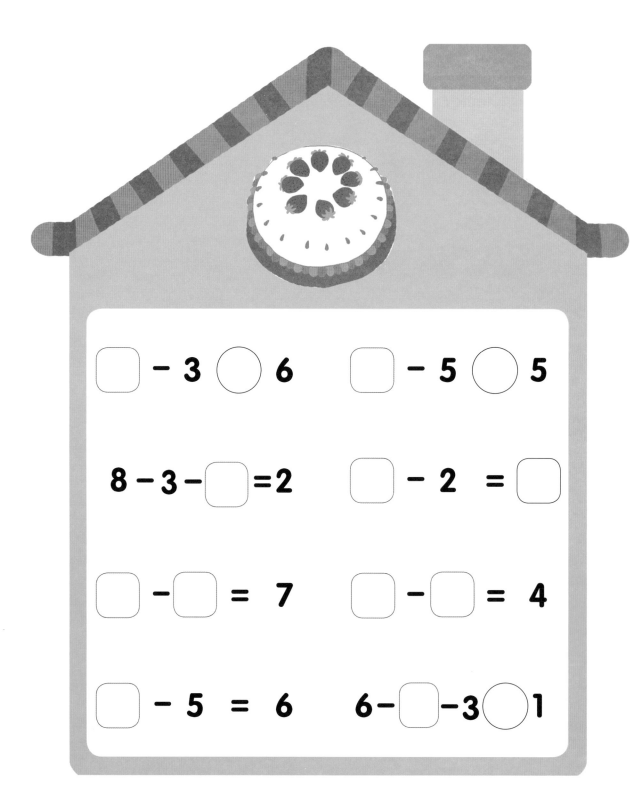

$\boxed{} - 3 \bigcirc 6 \qquad \boxed{} - 5 \bigcirc 5$

$8 - 3 - \boxed{} = 2 \qquad \boxed{} - 2 = \boxed{}$

$\boxed{} - \boxed{} = 7 \qquad \boxed{} - \boxed{} = 4$

$\boxed{} - 5 = 6 \qquad 6 - \boxed{} - 3 \bigcirc 1$

还要放几条

练习 20 以内的加减法。

要想使水桶里鱼的数量和水桶旁的数字相符，还应该再放进去几条鱼呢？请把水桶与相应的数字用线连起来。

| 1 | 2 | 3 | 4 | 5 | 6 | 7 | 8 | 9 | 10 |

糖果店

复习 20 以内的数。

糖果店里有很多种糖果，数一数每种糖果的数量，在圆圈里写出相应的数字。

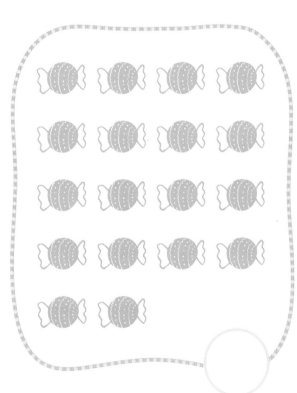

摆椅子

学习分组的概念。

幼儿园里有很多小椅子，请你数一数，在方框里填上正确的数字。

每排 **5** 把椅子，一共有 [　　] 排，所以一共有 **20** 把椅子。

小猴子正在走迷宫，在每个岔路口只要选写着较大的数的路口就能走出去，你来帮小猴子画出正确的路线吧。

扬帆远航

熟悉 30～40，能正确读写。

大海里有多少条船？数一数，圈出正确的答案。

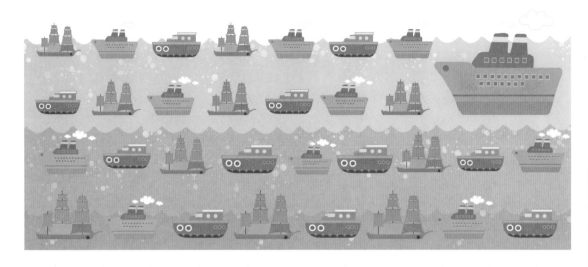

| 31 | 32 | 33 | 34 | 35 | 36 | 37 | 38 | 39 | 40 |

按数从小到大的顺序，把图中的点用线连起来，连完后会出现什么图案？

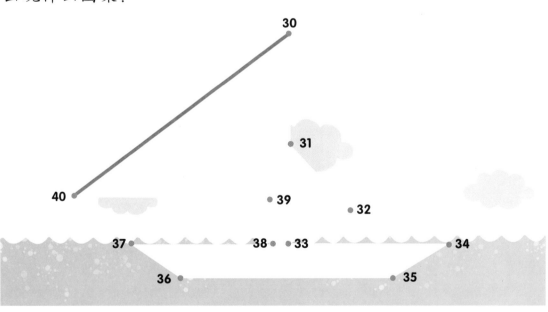

昆虫的世界

熟悉 41～50，进一步理解分组的概念。

小昆虫的世界异彩纷呈，各种各样的昆虫整天忙忙碌碌地生活着。下面3幅图中各有多少昆虫？请参照示例，在方框里填上正确的数字。

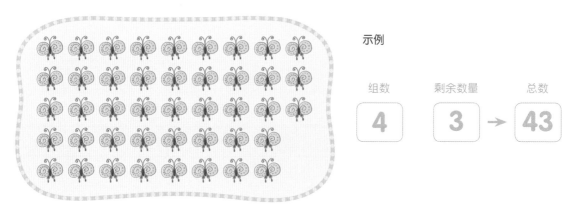

示例

组数	剩余数量	总数
4	3 →	43

10 个一组，一共 4 组，分组以后还剩下 3 个。

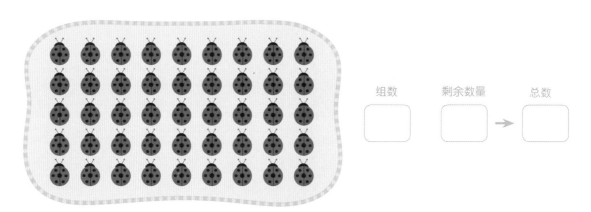

组数	剩余数量	总数
	→	

10 个一组，一共 4 组，分组以后还剩下 5 个。

组数	剩余数量	总数
	→	

10 个一组，一共 3 组，分组以后还剩下 8 个。

分几组

以 10 个为一组，练习分组。

请你数一数每幅图中饼干的数量，然后以10块为一组圈起来，看看一共有几组？把组数和饼干总数分别写在圆圈和方框里。

菱形饼干一共有

◯ 组， ▢ 块。

2 个 十 写作 "20"，读作 "二十"。

| 20 | 20 | | |

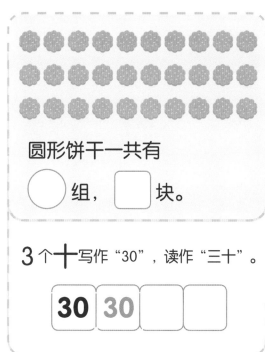

圆形饼干一共有

◯ 组， ▢ 块。

3 个 十 写作 "30"，读作 "三十"。

| 30 | 30 | | |

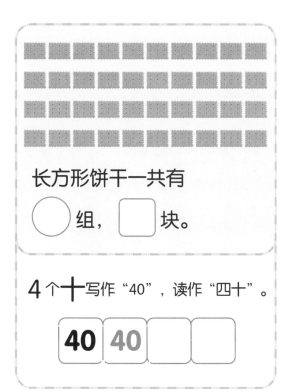

长方形饼干一共有

◯ 组， ▢ 块。

4 个 十 写作 "40"，读作 "四十"。

| 40 | 40 | | |

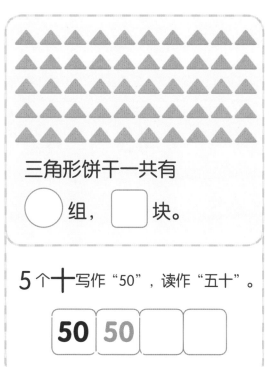

三角形饼干一共有

◯ 组， ▢ 块。

5 个 十 写作 "50"，读作 "五十"。

| 50 | 50 | | |

去海边

复习 50 以内的数。

小美要去海边游泳，只要按照数的正确顺序走，就能到达美丽的海边了。请你帮小美画出一条路线吧。

21	22	23	27	23
22	36	21	24	25	26
36	35	36	25	28	27
37	34	33	32	34	28
38	39	40	31	30	29
32	37	41	29	41	33
44	43	42	49	40	37
45	41	40	50		
46	47	48	49		
43	45	47	42		

比大小

学会运用">""<"和"="。

请在圆圈里填上">""<"或"="吧！

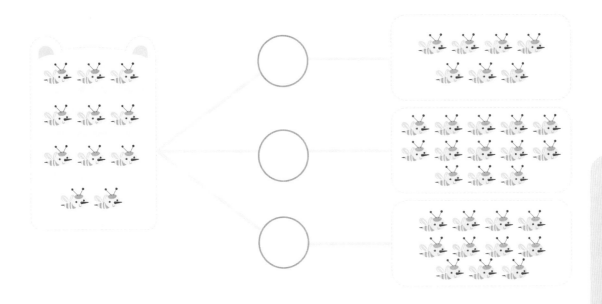

数的大小

复习50以内的数，灵活掌握数的大小。

给有比39大的数的格子涂上蓝色，给有比29小的数的格子涂上红色。

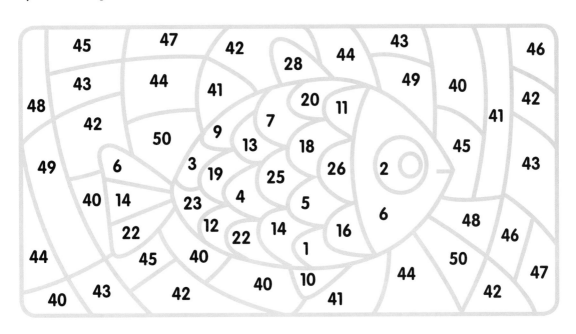

在菜园里

用数字表示几十几，把 10 的组数写在前面，剩下的数写在后面，了解这种写法的规则。

菜园里收获了3种蔬菜，农民伯伯要把蔬菜收起来装在袋子里。

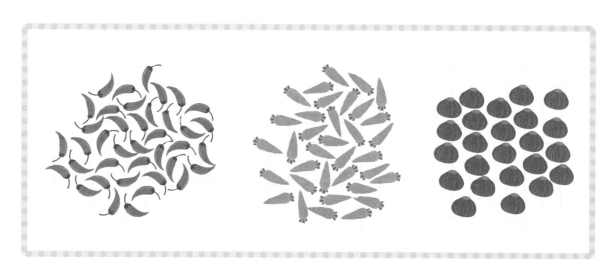

把辣椒以10个为一组圈起来，先数一数共有几组，再数一数剩下的，把数字分别写在圆圈和方框里，最后把总数写在下面的长方形框里。

　组，剩　　个，

一共有　　　　个辣椒。　

把胡萝卜以10根为一组圈起来，先数一数共有几组，再数一数剩下的，把数字分别写在圆圈和方框里，最后把总数写在下面的长方形框里。

　组，剩　　根，

一共有　　　　根胡萝卜。　

把洋葱以10个为一组圈起来，先数一数共有几组，再数一数剩下的，把数字分别写在圆圈和方框里，最后把总数写在下面的长方形框里。

　组，剩　　个，

一共有　　　个洋葱。　

五颜六色的扣子

学习3个数连续相加。

商店里的扣子五颜六色的，真好看。

1.红色的扣子有几颗？请把相应数量的 ◯ 涂成红色。

2.蓝色的扣子有几颗？请把相应数量的 ◯ 涂成蓝色。

3.绿色的扣子有几颗？请把相应数量的 ◯ 涂成绿色。

3种颜色的扣子加起来一共有多少颗？请在右边方框里填上正确的数字。

数树叶

学习连续相减。

秋天到了，树叶变黄了。

1. 图中一共有多少片树叶？

2. 有几片树叶变黄了？

3. 剩下几片绿色的树叶？　　□ **−** □ **=** □

4. 有几片树叶被虫子咬过了？

5. 绿色的树叶中还剩几片没被虫子咬过的？　□ **−** □ **=** □

6. 既不是黄色的也没被虫子咬的树叶一共有几片？　**14 − 2 − 3 =** □

列竖式

学会列竖式做加法。

下面每幅图中的物品各有多少？

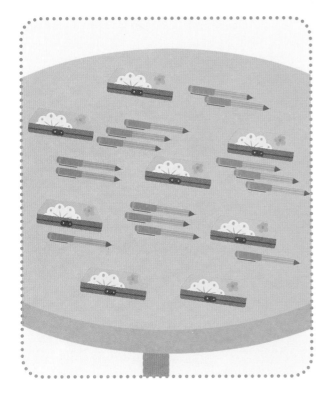

1. 图中有多少支铅笔，多少个文具盒？把相应的数字写在下面的方框里，然后完成算式。

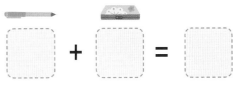

你也可以这样列算式。

$$\begin{array}{r} 15 \\ +\ \ 8 \\ \hline \end{array}$$

2. 图中有多少个粉气球，多少个绿气球？把相应的数字写在下面的方框里，然后完成算式。

你也可以这样列算式。

$$\begin{array}{r} 13 \\ +\ \ 9 \\ \hline \end{array}$$

逛玩具店

学会列竖式做减法。

下列每组图中的物品卖掉一部分后，还各剩多少？

1. 玩具店里的小熊卖掉8个后，还剩多少个？

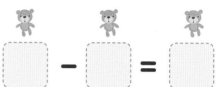

$$\boxed{} - \boxed{} = \boxed{}$$

你也可以这样列算式。

$$
\begin{array}{r}
16 \\
- \quad 8 \\
\hline

\end{array}
$$

2. 玩具店里的小汽车卖掉7辆后，还剩多少辆？

$$\boxed{} - \boxed{} = \boxed{}$$

你也可以这样列算式。

$$
\begin{array}{r}
15 \\
- \quad 7 \\
\hline

\end{array}
$$

给鱼涂颜色

练习列竖式做加减法。

下面每条鱼身上都有一道竖式，请你算一算，然后把有相同答案的鱼涂上相同的颜色。

$$\begin{array}{r} 6 \\ + 9 \\ \hline \end{array}$$

$$\begin{array}{r} 6 \\ + 7 \\ \hline \end{array}$$

$$\begin{array}{r} 5 \\ + 4 \\ \hline \end{array}$$

$$\begin{array}{r} 15 \\ - 7 \\ \hline \end{array}$$

$$\begin{array}{r} 18 \\ - 10 \\ \hline \end{array}$$

$$\begin{array}{r} 10 \\ + 1 \\ \hline \end{array}$$

$$\begin{array}{r} 16 \\ - 5 \\ \hline \end{array}$$

$$\begin{array}{r} 15 \\ - 2 \\ \hline \end{array}$$

$$\begin{array}{r} 12 \\ + 3 \\ \hline \end{array}$$

$$\begin{array}{r} 1 \\ + 8 \\ \hline \end{array}$$

第1页

第2页

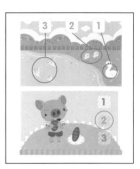

第3页

第4页

第5页

第6页

第7页

第8页

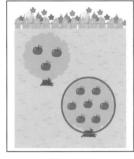

第9页

第10页

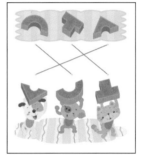

第11页

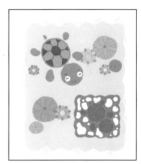

第12页

第13页

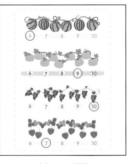

第14页

第15页

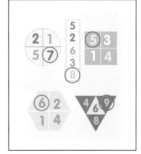

第16页

第17页

第18页

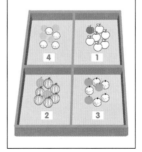

第19页

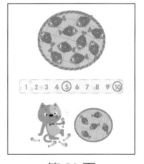

第20页

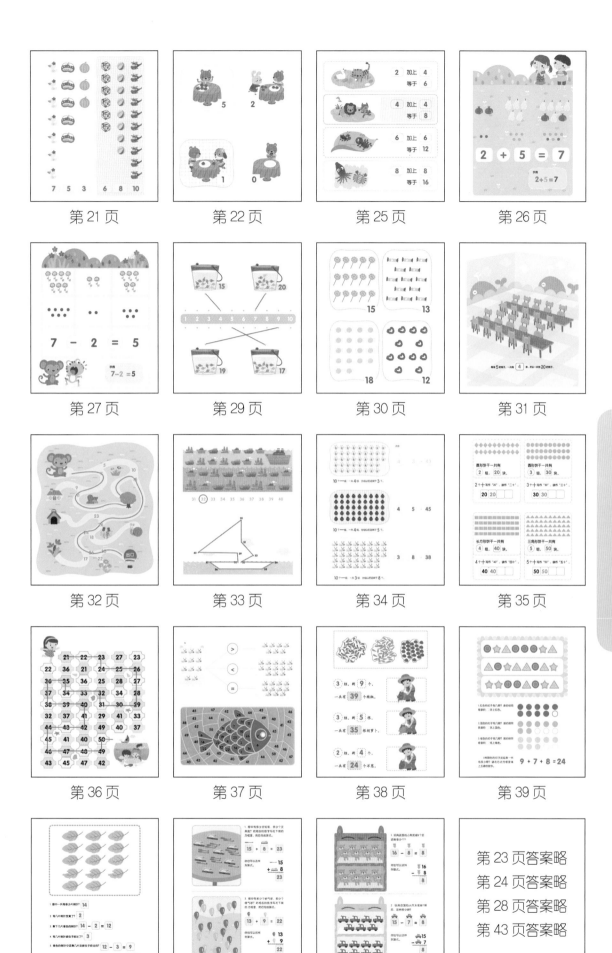

第 21 页

第 22 页

第 25 页

第 26 页

第 27 页

第 29 页

第 30 页

第 31 页

第 32 页

第 33 页

第 34 页

第 35 页

第 36 页

第 37 页

第 38 页

第 39 页

第 40 页

第 41 页

第 42 页

第 23 页答案略
第 24 页答案略
第 28 页答案略
第 43 页答案略

图书在版编目（CIP）数据

数学思维训练游戏 . 上 / 贺洁编著；哐当哐当工作室绘 . —北京：北京科学技术出版社，2021.8（2021.12 重印）
（数学的萌芽）
ISBN 978-7-5714-1538-9

Ⅰ . ①数⋯　Ⅱ . ①贺⋯　②哐⋯　Ⅲ . ①数学 – 儿童读物　Ⅳ . ① O1-49

中国版本图书馆 CIP 数据核字（2021）第 082996 号

策划编辑：阎泽群　代　冉　李丽娟
责任编辑：张　艳
封面设计：沈学成
图文制作：天露霖文化
责任印制：李　茗
出 版 人：曾庆宇
出版发行：北京科学技术出版社
社　　址：北京西直门南大街16号
邮政编码：100035
电　　话：0086-10-66135495（总编室）　0086-10-66113227（发行部）
网　　址：www.bkydw.cn
印　　刷：北京利丰雅高长城印刷有限公司
开　　本：889 mm × 1194 mm　1/16
字　　数：45千字
印　　张：3
版　　次：2021年8月第1版
印　　次：2021年12月第3次印刷
ISBN 978-7-5714-1538-9

定　　价：339.00元（全30册）

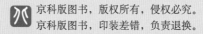